Détail des succès.

Noyés.

DÉTAIL
DES SUCCÈS

OBTENUS PAR L'ÉTABLISSEMENT QUE LA VILLE DE PARIS A FAIT EN FAVEUR DES NOYÉS,

Auquel on a joint une Notice historique des Machines fumigatoires.

Extrait du Journal de Physique, pour lequel on souscrit chez M. l'Abbé ROZIER, Place & Quarré Ste-Genevieve. Le prix de l'Abonnement est de 24 liv. pour Paris, & de 30 liv. pour la Province, franc de port.

A PARIS;

De l'Imprimerie de CLOUSIER, rue Saint-Jacques.

M. DCC. LXXVI.

DÉTAIL

DES SUCCÈS

OBTENUS PAR L'ÉTABLISSEMENT QUE LA VILLE DE PARIS A FAIT EN FAVEUR DES NOYÉS,

Auquel on a joint une Notice historique des Machines fumigatoires (1).

S'il se trouvoit un Citoyen, quel qu'il fût, qui, par l'amour seul du bien public, consacrât gratuitement & généreusement son loisir à perfectionner les

(1) Cet Ouvrage, dont on donne ici un extrait, forme la quatrième partie du *Détail des succès obtenus dans l'année 1775, sur les Noyés*, & que M. *Pia*, ancien Echevin de la Ville de Paris, vient de publier. On a inséré dans le même volume plusieurs pièces relatives

moyens de ſecourir les malheureux; ſi, malgré les obſtacles preſque inſurmontables qu'on rencontre toujours dans une entrepriſe ſi noble, ce même Citoyen avoit le courage de perſiſter, & le bonheur de réuſſir, il acquerroit des droits à la reconnoiſſance publique; il n'y auroit point de récompenſe qu'il ne méritât, point de diſtinction honorable dont il ne fût digne. Cette perſonne eſtimable eſt M. *Pia*, ancien Echevin de la Ville de Paris, Inventeur d'une Boîte fumigatoire, propre à ſecourir les Noyés, que la Ville a fait diſtribuer dans tous les Corps-de-Garde placés ſur la rivière, il publie, tous les ans, le détail des ſuccès obtenus principalement par ce ſecours. Il réſulte de ce détail, que dans les ſix derniers mois de l'année 1772 (époque de l'établiſſement), & dans les trois premiers de l'année 1773, ſur 28 perſonnes noyées, on en ſauva 23; que dans les neuf mois

---

au même objet, parmi leſquelles on trouve le *Mémoire de M.* Harmant, *Médecin de Nancy, ſur les funeſtes effets du charbon allumé*, &c. Cet Ouvrage ſe trouve à Paris, chez *Lottin*, l'aîné, Imprimeur-Libraire du Roi & de la Ville, rue Saint-Jacques, 1776, *in*-12.

restans de 1773, sur 29 noyés, il y en a eu 22 de rappellés à la vie; qu'en 1774, sur 39 noyés, il y en eut 33 de sauvés, & qu'en 1775, sur 41 personnes submergées, 35 ont éprouvé les avantages des secours indiqués par M. *Pia*, d'où il suit que, vû la manière dont ces secours sont administrés, de tous les succès annoncés dans les cas de submersion, il n'y en a peut-être point de plus frappans ni de plus authentiquement prouvés que ceux que M. *Pia* publie. Il est vrai qu'il n'y a point aussi de machine propre à secourir les noyés, qui réunisse autant d'avantages que la Boîte de M. *Pia*. On y trouve, comme on l'a déja vu (1), outre la Boîte fumigatoire, contenant le tabac nécessaire, plusieurs paquets d'émérique, de 3 grains chaque; 2 bouteilles de pinte remplies d'eau-de-vie camphrée, animée avec l'esprit volatil de sel ammoniac; un flacon de crystal, contenant de l'esprit volatil de sel ammoniac; une chemise, ou tunique de laine, & deux frottoirs, avec un bonnet de même étoffe; une cuillère de

(1) Voyez le Journal de Physique du mois de Mai 1775, où elle est décrite & gravée.

ſer étamé, propre à deſſerrer les dents du noyé, & à lui faire avaler quelque fluide; un tuyau briſé, pour ſouffler l'air dans la poitrine; un nouet de ſoufre & de camphre, dans la vue de préſerver la tunique & le bonnet de laine, des attaques des vers; deux tiges de tuyau flexible, en cas que l'un ſoit engorgé; deux bandages à ſaignée, & des plumes propres à chatouiller l'intérieur du nez & de la gorge, en cas de beſoin; enfin, un imprimé collé ſur la Boîte, qui indique l'uſage de toutes ces parties. On voit, par ce détail, qu'on a tâché de tout prévoir, & qu'on n'a rien négligé pour rendre cette Boîte de la plus grande utilité. Auſſi, la plupart des Villes de France, & beaucoup d'étrangères, frappées de ces avantages, en ont fait conſtruire de ſemblables ſur les inſtructions données par M. *Pia*; les Anglois, en dernier lieu, viennent de lui demander des renſeignemens à ce ſujet. Il ſeroit à ſouhaiter que dans toutes les Villes de France, ſituées, ſur-tout, au bord des rivières dangereuſes & dans tous les ports de mer, on imitât l'exemple de Paris, qui eſt principalement redevable de cet établiſſement à M. de la Michaudiere, Prévôt des Marchands, qui ne cesse de donner à la Capitale des preuves de bienfaisance & d'humanité, après avoir fait le bonheur des Provinces, ci-devant confiées à son administration.

M. *Pia* a réuni, dans cette quatrième Partie, plusieurs Observations faites en différens endroits de l'Europe, qui confirment les avantages qu'on retire de l'usage, soit de la fumée de tabac, soit des irritans & spiritueux, soit des frictions sèches, soit de l'insufflation dans les poulmons, dans tous les cas de morts apparentes causées par la submersion, dans les liquides, &c. Les Anglois surtout, en ont fourni un grand nombre de semblables, & on voit que c'est à l'instigation des Médecins les plus distingués de Londres, tels que Cogan, Fotherghil, Johnson, &c. qu'il s'est formé dans cette Ville une Société pour cet objet, à l'exemple de celle de Hollande. M. *Pia* publie les succès obtenus par cette Société; & pour ne rien laisser à désirer sur un objet de cette importance : il a encore enrichi son Ouvrage de l'excellent Mémoire de M. *Harmant*, Médecin de feue Sa Majesté le Roi de Pologne, à Nancy, sur les funestes effets du charbon allumé.

Il résulte des Observations & Expériences rapportées par cet Auteur, ainsi que de celles de Fothergill, du Docteur Frewen, &c. insérées dans les Transactions Philosophiques de Londres, que dans tous les cas de suffocation causée, soit par la vapeur du charbon de bois ou de terre, allumé, soit par la braise de Boulanger, soit par toutes les mophètes artificielles ou naturelles, l'insufflation de l'air dans les poumons, & sur-tout l'immersion subite dans l'eau la plus froide, ou sa projection au visage à une certaine distance, dans la vue de causer un saisissement & un trésaillement plus prompts & plus capables de ranimer, sont les secours les plus puissans qu'on ait trouvés jusqu'ici pour rappeller les suffoqués à la vie. Cette heureuse application de l'eau, indiquée d'abord par Hippocrate, qui ordonne, en plusieurs endroits de ses Ecrits, sur-tout dans son Livre des Epidémies, l'aspersion d'eau froide dans les cas de suffocation; conseillée ensuite par une infinité de Médecins, par Borel, Panarole, de Sauvages, Van-Swieten, &c. pratiquée avec le succès le plus frappant, à Montpellier, par le célèbre M. Fizes; enfin, mise en usage par tout le monde, dans tous les cas de foiblesses, de syncopes, d'étouffement, &c. jointe à la méthode contraire, qui consiste à réchauffer le corps des noyés, justifie ce principe qui paroît incontestable, *Contraria contrariis curantur*, & que pour remédier aux effets du feu, il faut employer l'eau, *& vice versâ;* principe sur lequel doit rouler, selon nous, toute la doctrine des secours usités en pareil cas, & auquel ceux qui ont traité cette matière, auroient bien dû faire quelque attention. Cela auroit évité bien des disputes littéraires qui n'ont rien éclairci, & bien des théories qui n'ont rien appris. On trouve dans le Mémoire de M. Harmant, le détail des précautions nécessaires pour secourir les suffoqués & des exemples de persévérance dans les secours qu'il indique, qui prouvent qu'on ne doit point abandonner ces malheureux, même long-tems après leur accident, & qu'il n'y a que des signes de putréfaction bien établis qui puissent faire renoncer au projet de les rendre à la vie.

Il y a plusieurs Observations remarquables dans cet Ecrit précieux : la première porte, que deux jeunes personnes de Nancy, trouvées, le 3 Décembre 1763, à une heure après midi, dans leur lit, suffoquées par la vapeur du charbon allumé, sans doute de la veille, dans leur chambre, & avec toutes les apparences de la mort la plus réelle, furent néanmoins rappellées à la vie, après six ou sept heures de continuité dans les secours administrés par M. Harmant, c'est-à-dire, à huit heures du soir, au grand étonnement de tous les assistans & de la Ville; après avoir employé inutilement les stimulans les plus forts, le vinaigre en vapeur, &c. & que cet heureux effet ne fut produit que par une projection subite & réitérée de l'eau la plus froide sur le visage de ces personnes. La deuxième Observation est aussi extraordinaire que la première. Elle prouve que, quoique l'asphixique suffoqué par la vapeur du charbon, ne donne aucun signe de vie, même après une heure de projection de l'eau la plus froide au visage, on ne doit point, pour cela, se rebuter, ni même, lorsqu'après quelques signes de sensibilité, l'asphixique retombe dans le premier état, si on veut avoir du succès. Les autres observations sont de la même nature & de la même force ; elles servent toutes à confirmer, que la projection de l'eau la plus froide sur le visage des suffoqués, qu'on met toujours au grand air, est le plus puissant, & peut-être le seul secours qui mérite une entière confiance dans ce cas.

L'Auteur rapporte l'avanture effrayante arrivée à Chartres, & consignée dans les Mémoires de l'Académie des Sciences, qui coûta la vie à cinq ou six personnes, & qui fut causée par la vapeur de la braise de Boulanger, allumée dans une cave, dans laquelle enfin, il ne fut permis de descendre avec sûreté, qu'après y avoir jetté une grande quantité d'eau, par ordre des Magistrats, éclairés par les Médecins.

Tous ces malheurs qu'on ne sauroit trop répéter ; tous ces miracles opérés par l'eau, ne servent qu'à confirmer le principe qu'on vient d'établir, & font entrevoir une infinité d'applications heureuses qu'on pourroit faire de cet élément dans plusieurs occasions. Les plus grands Chymistes en ont fait l'éloge. (*Voyez la Dissertation Physique & Chymique sur les propriétés de l'Eau, par M. Parmentier.*) Les Médecins en ont démontré les avantages pour la désinfection des demeures des animaux, en cas d'épizooties. (*Voyez Recherches historiques & physiques sur les Maladies épizootiques, publiées par ordre du Roi*); en prouvant qu'il n'y a que l'eau, dans la nature, qui soit capable d'opérer la désinfection des surfaces, qu'on veut conserver; & on vient d'apprendre tout récemment de Constantinople, que l'eau est le plus grand moyen connu & le plus généralement employé aujourd'hui pour la désinfection de tous les corps, en tems de peste. Tous ces avantages qu'on retire de l'eau, avoués, publiés, confirmés sur-tout par l'expérience, méritent la plus grande attention de ceux qui cherchent la vérité, & qui s'intéressent véritablement au bien public; on ne sauroit trop inviter ceux qui s'appliquent à des recherches utiles, de s'empresser à publier leurs découvertes, surtout, lorsqu'ils annoncent des moyens aussi simples, aussi faciles à employer que ceux dont on parle, & en même-tems aussi avantageux pour l'humanité.

EXAMEN & Notice historique des Machines propres à introduire la fumée de tabac dans les intestins.

NOUS terminerons cet article par l'examen & le parallèle des instrumens imaginés jusqu'ici pour introduire la fumée de tabac dans les intestins. Comme il n'y a plus de doute sur l'avantage de cette méthode, pratiquée avec le plus grand succès, sur-tout à Vienne en Autriche, en Hollande & à Paris, il ne s'agit plus que de savoir quels sont les instrumens propres à produire cet effet, qui méritent la préférence sur les autres, ou qui sont susceptibles de quelque perfection.

Il paroît que les Anglois sont les premiers inventeurs des instrumens fumigatoires, & que ce n'a été que dans le siècle passé qu'ils les ont imaginés. Thomas Bartholin, Médecin Danois, qui vivoit alors, & à qui la Médecine est redevable de la découverte des vaisseaux lymphatiques & de la circulation de la lymphe, nous dit qu'un de ses amis, Henry de Moïnichen, lui ayant apporté d'Angleterre une machine semblable, il la fit dessiner & graver ; c'est celle qu'on trouve dans un de ses Ouvrages publié à Copenhague en 1661, dans la VIe Centurie (1) de ses Histoires Anatomiques, &c. Cette machine est fort simple; elle consiste en une embouchure adaptée à un fourneau ou tuyau ovale de métal, recouvert d'un étui de bois qui se visse, & dans lequel on met le tabac allumé : à ce fourneau est adapté un tuyau flexible, à l'extrémité duquel s'engage transversalement une canule percée de trous, en manière d'algalie ou d'arrosoir; l'intérieur du fourneau, du côté qui communique au tuyau flexible, est couvert d'une grille, pour empêcher les cendres d'y pénétrer; l'embouchure est à-peu-près semblable à celle d'une trompette, & sert à souffler l'air avec la bouche; on en peut voir encore une figure exacte dans l'ouvrage de M. Louis, *sur la certitude des Signes de la Mort.*

Quelques années après, Frédéric Dekkers, Professeur de Médecine à Leyde, fit quelques corrections à cette machine, & en donna deux figures; dans

---

(1) Voyez *Th. Bartholin Historiar. Anatomicar. & Medic. rarior. Centur. VI, Hist. 66, p. 310. Hafn.* 1661. 8°.

l'une, le fourneau se trouve placé devant le tuyau de cuir, & dans l'autre, après (1).

Stisser (2), Médecin de Hambourg, dans une Lettre adressée, en 1686, à la Société Royale de Londres, chercha encore à rectifier cette machine; mais il y fit très-peu de changemens, comme on peut le voir par les quatre figures qu'il en a données à la suite de cette Lettre.

Heister a fait encore graver dans sa Chirurgie, la même machine telle que l'avoit donnée Bartholin; il la représente mise en action. Jusques-là on n'y avoit fait aucun changement bien remarquable : Musschenbroeck paroît être le premier qui l'a corrigée d'une manière sensible; & cette correction étoit même nécessaire pour remédier au risque qu'on court, en soufflant avec la bouche, de

---

(1) Voyez *Frederici Dekkers exercitationes practicæ circà medendi methodum, autoritate, ratione, observationibusque plurimis confirmatæ, ac figuris illustratæ, &c.* in-4°. *Lugduni-Batav. editio 1ª. 1673, altera 1695.*

(2) Voyez *J. And. Stisseri Med. Hamb. de Machinis fumiductoriis curiosis, &c. Epistola ad Illustr. viros mag. Societatis Reg. Anglicanæ. Hamburg.* 1686, in-4°.

recevoir la fumée de tabac refoulée vers l'embouchure ; elle consiste en une soupape, placée à cette embouchure qui permet l'expiration ou l'insufflation de l'air dans la machine, mais qui en empêche le retour dans la bouche. On peut voir une figure de ce fumigatoire, ainsi corrigé par Musschenbroeck, dans le Mémoire de M. Isnard, couronné par l'Académie de Besançon (1).

La Société d'Amsterdam, en faveur des Noyés, s'étant formée en 1767, les Hollandois, pour rendre plus commode cette machine fumigatoire, substituèrent un soufflet à l'embouchure, sans rien changer d'ailleurs à sa première forme.

A-peu-près dans le même tems, les Chirurgiens de Paris ayant imaginé un soufflet pour introduire des fluides dans les intestins, dans le cas de hernies, s'en servirent pour rappeller les noyés à la vie. Ce fumigatoire, très-différent de celui des Anglois, ou de Bartholin, n'est autre chose qu'un soufflet ordi-

---

(1) Voyez *Cri de l'humanité en faveur des personnes noyées*, &c. A Paris, chez *Prault*, Libraire, 1762, *in*-8°.

naire sans ame, mais à deux soupapes & à deux tuyaux flexibles, au bout de l'un desquels est un fourneau ou pipe, qui reçoit la fumée de tabac, & à l'extrémité de l'autre, est une canule. La soupape, qui répond au tuyau à pipe, permet d'aspirer la fumée de tabac, & l'autre en facilite l'injection dans les intestins. Mais ce soufflet est sujet à de grands inconvéniens, dont le principal est d'aspirer les cendres en même-tems que la fumée de tabac, & d'avoir des soupapes sujettes à s'engorger, à crever ou à se détruire, tant par la fumée & les cendres elles-mêmes, que par l'action immédiate de leur chaleur.

Gaubius, Médecin d'Hollande, chercha encore à perfectionner la machine fumigatoire, & à la rendre plus commode, en adaptant à l'ame d'un double soufflet, le fourneau à tabac : c'est ainsi qu'il la représente dans ses *Adversaria*, publiés en 1771; mais ce soufflet a presque les mêmes inconvéniens qu'on vient de faire remarquer dans le soufflet à deux tuyaux.

Dans le même-tems, M. *Pia*, alors Echevin de la ville de Paris, imagina, dans la même vue, une machine à-peu-près semblable, munie également d'un soufflet, mais en outre, d'un fourneau solide, en forme d'alambic, avec un bec de chapiteau, dans lequel s'engage un tuyau très-flexible, fait d'un spiral recouvert d'une peau, au bout duquel s'adapte la canule. Cette machine, qui a tous les avantages de celle des Anglois, sans en avoir l'inconvénient, différe des autres, non-seulement par sa forme, sa solidité, & par une ouverture qu'il y a au fourneau pour donner de l'air à volonté, mais par toutes les autres parties accessoires, dont on a fait l'énumération, & qui sont réunies dans une boîte.

M. Gardane, Docteur-Régent de la Faculté de Médecine de Paris, a fait exécuter la Machine Angloise donnée par Bartholin, avec cette différence, qu'au lieu d'une embouchure, il a fait mettre un tuyau brisé, semblable à celui que M. *Pia* avoit donné pour l'insufflation de l'air dans les poumons, & qu'il a ajouté aux deux extrémités du fourneau de petits tuyaux minces de fer-blanc ou de tôle, pour modérer la chaleur de la fumée de tabac. D'ailleurs, elle est semblable à celle de Bartholin, & garnie d'un tuyau flexible. On en peut voir la figure & la description dans le Journal de Physique, du mois de Janvier 1775. Le tout est arrangé dans une petite boîte portative, qui contient un flacon d'eau-de-vie camphrée, &c.

M. Hélie, Négociant de Lille, a imaginé, depuis quelques années, une autre machine d'une nouvelle construction, beaucoup plus compliquée que les précédentes, & que M. de Villiers, Docteur-Régent de la Faculté de Médecine de Paris, a fait graver; elle consiste en un tuyau cylindrique de cuivre percé latéralement, pour recevoir un autre tuyau courbe ou en serpentin, de métal, qui communique à un fourneau ouvert, dans lequel est le tabac allumé; elle est mise en jeu au moyen d'un piston & d'une seringue ordinaire adaptée à ce tuyau, au bout duquel est une canule, il y a deux soupapes, dont l'une, qui est placée du côté du fourneau, permet l'entrée de la fumée dans le tuyau, lorsqu'on tire le piston, tandis que l'autre, placée du côté de la canule, & qui se ferme dans cette première action, ne s'ouvre que lorsqu'on le pousse, pour donner passage à la fumée dans les intestins.

Peu de tems après, M. Scanegatty

présenta à l'Académie de Rouen une Machine fumigatoire du même genre, & à-peu-près semblable à celle de M. Hélie. Au moyen d'une bouilloire ou d'un fourneau de pipe, qu'on visse, suivant les cas, à l'extrémité d'un tuyau, elle devient propre à injecter des liquides & des fluides; mais elle a l'inconvénient d'être trop compliquée pour devenir d'un usage familier.

M. Cledieres, Chirurgien à Vertaison en Auvergne, a cherché encore à perfectionner la machine de M. Hélie, en la rendant plus simple. Il a conservé les deux soupapes, mais il a substitué au serpentin un tuyau droit & court, qui coupe le premier à angle droit; d'ailleurs, le méchanisme est le même. Ce Chirurgien l'a fait exécuter en étain, & l'a adressée, dans cet état, à la ville de Paris; il l'a accompagnée d'un Mémoire circonstancié, dans lequel il expose l'usage avantageux qu'on en peut faire, & les inconvéniens qui résultent de celui des autres. Il la croit propre à plusieurs fins, non-seulement à introduire des fluides, des liquides dans les intestins, mais de l'air dans la poitrine. Le principal défaut qu'il reproche aux autres fumigatoires, sur-tout à ceux qui ſont mûs par l'air de la poitrine, c'eſt, qu'outre la répugnance qu'on doit avoir naturellement de ſouffler ainſi dans les inteſtins, cet air n'eſt pas capable, ſelon lui, de pouſſer la fumée de tabac avec aſſez de force dans les inteſtins. Il objecte encore que le tabac doit s'éteindre dans un fourneau fermé. Il demande d'ailleurs, des éclairciſſemens, & promet de répondre aux objections qu'on lui fera. M. *Pia* ayant été prié par M. le Prévôt des Marchands, d'examiner cette machine avec ſoin, & de faire ſes obſervations; le réſultat de ſon examen a été : 1°. que M. Cledieres, dans la critique qu'il fait des différentes machines, n'a eu en vue que celles qui ſont miſes en action par une embouchure ou une canule à bouche, & qu'il ne connoît pas, ou ne comprend pas dans ce nombre, ni celle de M. *Pia*, adoptée par la ville de Paris, dont le fourneau peut recevoir de l'air par le trou qu'on y a pratiqué, & qui eſt mue au moyen d'un ſoufflet, ni celles de Hollande, qui ſont mues par la même puiſſance. 2°. Que quoique la machine de M. Hélie, perfectionnée par M. Cledieres, ſoit très-ingénieuſe, elle a néanmoins des inconvéniens que n'ont pas celles à soufflets, en ce qu'elle est plus embarrassante, plus compliquée, plus sujette à se déranger & à s'engorger, à cause des soupapes, beaucoup plus difficile à mouvoir, comme on l'a éprouvé, sujette à laisser refroidir la fumée de tabac dans la seringue, & beaucoup moins commode que celles qui ont un tuyau long & flexible. 3°. Que l'insufflation de l'air dans les poumons avec la même canule, ne peut s'exécuter qu'avec beaucoup de difficultés, dont on en devine une partie, & par la perte d'un tems toujours précieux dans ces circonstances. 4°. Qu'il est bien plus simple, plus commode & plus naturel de souffler dans la poitrine avec un tuyau particulier, ou canule à bouche, desstinée uniquement à cet usage, telle que celle que M. *Pia* a indiquée, qui est très-forte & faite exprès, que d'employer à cette fin, une canule ordinaire ou fort foible, & qui ne doit servir qu'à injécter la fumée de tabac dans les intestins. Telles sont les principales objections que M. Pia a faites à M. Cledieres.

Nous observerons, au sujet des tuyaux propres à souffler de l'air dans la poitrine, que M. le Cat de Rouen, ayant été consulté peu de tems avant sa mort, sur les moyens d'opérer cette insufflation, avoit eu l'idée d'une espèce de syphon, propre à cette fin. Il proposoit de faire passer une branche à syphon dans l'ouverture de la glotte; mais ce moyen est sujet à beaucoup de difficultés, dont la principale est de ne pouvoir relever l'épiglotte, pour introduire le tuyau : car dans presque tous les cas de submersion ou de suffocation, les dents sont serrées, & il est très difficile d'introduire, même dans la bouche, un instrument quelconque. On est souvent réduit alors à faire l'insufflation de l'air dans la poitrine, par la voie d'une des deux narines, ce qui réussit très-bien. Quant à la bronchotomie, cette opération n'a réussi nulle part : M. de Haen a fait plusieurs expériences qui en démontrent l'inutilité, & elle doit être exclue du nombre des secours qu'on doit administrer en pareil cas.

M. Louis, Secrétaire perpétuel de l'Académie de Chirurgie, vient de perfectionner la Machine fumigatoire de Gaubius, en ajoutant au bas d'un tuyau courbe, qui conduit la fumée de tabac dans la soupape du soufflet, un cendrier qui reçoit les cendres du tabac allumé, & prévient aussi l'engorgement des tuyaux.

Du reste, on ne doit point regarder toutes ces machines comme des inventions nouvelles : la pratique d'injecter de l'air ou de la fumée dans les intestins, est connue depuis qu'on cultive l'art de la Médecine : Hippocrate se servoit tout uniment d'un soufflet ; le soufflet à forge a servi aussi à cet usage : Hales fait encore mention d'une machine propre à introduire les fluides dans les intestins, & le soufflet des Bouchers garni de la soupape, & à l'ame duquel on met un tuyau de pipe allumée, garni de filasse, peut servir au besoin.

www.ingramcontent.com/pod-product-compliance
Ingram Content Group UK Ltd.
Pitfield, Milton Keynes, MK11 3LW, UK
UKHW020539230726
13925UKWH00006B/2362

9 782013 418706